#1

					7		9	5
3	9	5				7		
	6		1					
7		6			1	2		4
								6
4			6					
					8	4		
		8	4	5				
			2	1	6		5	8

#2

5	8	7			3		9	6
4					6	2	8	
2	9	6	8		5			7
				1			3	8
3		8				1	6	4
	4	1	6		8		5	2
	6	2		9	1		7	
		4	5	8	7		2	
7	5	9	3		2	8	4	1

#3

	9	6			1			
					3	1		
1	8		9	4				
		5		9				4
3	1	4				8	5	9
							1	2
4			5					
			6					5
9						3		1

#4

						8	2	
7				2	6			
			8	3			5	
		7	3	9	2			
1		2	6	4	8	9		
9		3	7	5	1			2
		4		6				8
	7		2				1	5
3	8		4				6	9

#5

9	2		7			6		
	6				1	9	3	
6		4			2		1	
1						7		
	8		4		5		6	9
5					6			
	3			5		4		
		2				5	9	

#6

		8				5		
	6						3	
7	1						8	6
			2			3		4
	4		3	7		2		
1			6		9			
3								
5		1						7
2					8	9	1	

#7

5					4		3	8
	4		3				7	1
	7		2			4		
			6					3
					2		4	
			4	8			6	
	5	9			3	1		
2			8	1				
7			9					

#8

	4	1		3				
9		7		8		1		
							5	
			4	6	8			
			1					3
							7	1
	2	8	7		1			
1		4			6			5
			2	5				

#9

	6	4	1					
				6	7			
		9	8			1	5	
		7	3		8			9
	2	1		9	6		4	
		8		1	4			
5	8				1	9		2
4	9			7		8		
			2		9	4		5

#10

2	9		3					
		5			4		7	
	1				8	3		5
					9			4
8		2						
	7						8	6
					2	4		
9								
		4	9		3	2	5	

#11

7				3		9		2
9								
			5		6		3	
8	1		6					
		2	3		8	4	9	
								3
			8		2	3		
6		7					1	4
	5				1		7	

#12

	5			6		1		4
3				9	4			7
			7		1	6		
7			5	1		8		
6						3		
	3							1
4				8			5	
		2	6				8	

#13

		4			6	2		9
		9	5			3		
		5		3	2			6
9	8				4			
			8					
			1		7		8	5
	6	8			5			
						6	1	2

#14

2	5	3	4	9			6	7
		7	6					
4	1	6	8		7			9
1	4	9			6		2	5
5	6		3	4			8	1
3			5			4		6
	9		2	7		1		3
	3	4	1	6			7	
	2	1	9	3				8

#15

						5		7
					8			9
			6	1	2			
			4			6		
							5	8
2			8			3		
8	1					7		
	5	7	2				9	
		6	5	4				

#16

					5			7
8		4				6		
		2	6	1		4	3	8
2	4			7			1	
6				9	8		7	
					6			4
4								2
			3			8	4	
	7							

#17

1	7	8			3			
2				6	8	1		7
			7	1	2			
8			6				4	
	1	7					5	
5				8			2	
						4		
	5		3		6	9		
3			1	2	9		7	6

#18

				6			8	7
			1		2		6	
6				4	5	8		
9		5	7					6
1				9				
7				1			5	
4	9		5	3			1	
	8		4		9	6		

#19

						6		
7		9		3	8	5		
	1				7	3		
	7			8				1
				1		8	3	
8					9			
			6					
	4	2				7	9	
6	3					4	2	8

#20

4				3		7		
	2				9			
7					2	9	3	1
						8		2
	8			6		5	4	
			8	7		1		
					7	3		6
		7	1		3			
2								

#21

	8	6		9			3	
				5	6		7	
				8	3			
			6					
	3	1						
	7				8	6	1	9
		4		6	1	8		
	9	3	8					
8			2			7		

#22

7	8	5		9		4		
			8				9	
						7		
2								
	4		9	8				
8	9			6	4		1	
	3						6	4
1	6			4	3			
5				2				

#23

2	1				9			4
	7	9	4	5	6		1	
						5	9	
	2		7	4			6	
6		4		8	3			
	9			1			3	5
	8	7		3	4			
			1	6				
3	6							

#24

	2	5	3				9	
8					6			
				5				
			8			3		
		8		7			4	1
	7	4		1				
				6	4	1		
4	6				8	2		7
					1			3

#25

9		8			3			
7	5		2					
		3		5	9			
4			9	1		5		
	8		6				9	7
					5			
	6	4		2				9
1	9					8		
							2	5

#26

4	9					2		
					4			
5			8			1		
	7	2		3			9	1
	3		7	5	9			
	6			7	5			
3			9			8	5	
			1		3			6

#27

		3			9		5	
6		1						
8					7	4		9
		7				9		
9	2						4	
1			9			5	3	7
2	1			7			6	
	4		3					
	3	8			4			1

#28

9				1			2	
1		5	4		6			
4		8					3	
						1		
		7	1		5		6	
2	9		6				8	
	3	4		5	2			
			3	8	1	4		

#29

9		6		2				5
7	5	1						
				5		6	1	
			3		6		5	
	8		7					
2		9				4	3	
	1			3			9	
		2						
			9		5	2		

#30

1			2				6	
		5						2
	6		1					9
5			4	7			8	
8		2			3			4
6		7				1		
				3	9		7	
		6						
			5		4		3	

#31

6		4	7					
								7
				5	4		1	6
	7			3		9	4	
1			2		8			
		6		7			2	
		9	3	8	2	1		
							3	
5	3						7	9

#32

		2		3				
			8		9	7		
		5	4				6	8
			9		4		7	1
		8					9	
3					1			
	1			6				
						9	8	2
				9		4	1	

#33

2	5		6		9			
						6		
7	6			5			9	
		8	5					
					4			
5	3		2	6	1			9
		7			6		8	
					7	3	1	
1	4		8					7

#34

				9		3		1
		5		7			6	
		6		1				5
	7	4			8		1	
					6	4	8	3
	1		9	3	4			
7	4							9
	3	9	5					

#35

	3		5					
	1					2		3
2	9	6			1		4	7
6		7			3	1		
5	8	3	9		6			4
9	4			2				6
	7					9		5
	6		2	8				
				9				2

#36

	3	5	8		2		4	7
				3				
		4		7		1		
7			3	1		2		4
		8		6				
					8	3		
			1		9	8		
		6	2				5	9
8								

#37

	3	7	8			4		
		5	1		9	6		
								3
		4			7			
7		1	2	5				4
9					3	7	5	8
	6				8		4	
		8	5				6	9
					4		7	

#38

	2			5				7
8					7			
			1		6		9	
						4		
							5	9
	9	6	8	1				
	1	5	7					
	3		9			8	7	
	7				4			6

#39

				6			4	
	5	6		8				7
			1		2	9		
								9
6	4		5					
			4	2			7	1
1				5				
		4			8			
	2		7	4			3	

#40

	2		8			7		
3	4	7	5			1		
				4				6
7						5	1	2
	1		3	9				7
		4			1		3	
1		2		7	8			
	9		1		5		7	

#41

								5
3		1			4			6
	6				8	3	4	
7			4	9	6		8	
			7		1	2		
				3		6	7	
8	7	2						
6			8	1		9		

#42

9							5	
		6		9		1		2
			3		7	6		9
	8		7	1		4	2	5
2			5			8		
				8				1
4	6		9			2		3
					6			
		7			5	9	6	8

#43

7	8				2	6		
					5			4
5			6					
9			2	6	4	7		
6				3				
	2	4	1	7		3		
		9						7
	6					5		
				2			3	1

#44

						5		2
						6	3	
7		9						
1				7				
	7	4	6	2		8		
		8			4			6
9		3			5		8	
	1	6	9		8	7		3
			1					

#45

3						2	5	
		5	1				3	
	9	4		2				
				3				
7		6					1	
	4				2		7	
2			5					
	3	7				1		
	5		9			7	2	6

#46

	9		1		3		6	
	1	5					8	
3			4			2		
2		9						6
	3		6	9			4	
		6	7	3				
			8					9
		8		1		6	5	
1					7			

#47

				3	9			8
					8	7	4	
6			7		4			
	4			6	2	9	8	
	8		9			3		1
	7		5				2	6
			1			2		
	9	4				1	7	
	1	2	4					

#48

7	8							
		9	1	7				
						6		
		3		5	9			1
		2		4				
	4			6			5	
4			2	3				
	6		5		4	2		
8	2	5						3

#49

1	7			3			4	
4		9					2	
5		3					8	7
2	5				6			9
					7		3	
9			1	4				
		8		5				1
			6					
3	9		7		4			

#50

	2	8	4				9	7
	1				3			
				9	6	2		
2								4
1				3		6	2	5
			9					
5				8				2
8	9	4		1				
								9

#51

	2			8	4			
		6	9				1	
3		1			6			
1		3	2					4
	9							
	6				5	3		8
6			8	5				1
							4	
5						7	6	

#52

	7		8			6		
2	9							
6	8		1	3	5		7	2
		9					4	7
	4			9			6	8
		8		4				
	5			8	3			
	2			5		4		
						8		3

#53

				9	2	4		
			8	4				
			6			8		7
4				3				2
		8	4	2	7	3		
	1							
9	3					1		
		6	1				4	
		2		5		9		6

#54

6	8		9					3
		4		3				
	5					2	7	
		1			7	8		
			5	6	9			
					3	5	4	
		7						
3	6					1		
	2		3	4	6	9		

#55

		8	2	6				
			4				1	
1	3		7					4
				9		6		7
	4		3			2		5
						3		
5								3
	2	7					6	
		3		8				

#56

		7			4	2		1
2	9				1	8		3
		8					5	
	4							9
9	7		4	5				
				4	2		9	
3				9		7		
			3		8		2	4

#57

			7				3	
7					8			
8	4			6	5			1
4					2	8		
		5	4			2	1	
9		2	3				5	
			6					7
	3	1						2
		8				3		

#58

				9				
	9		8	6	7		2	3
5			1			7		9
		6	3	5		2	9	
	4	1			8			
2		9						1
		3						
9								
					4		7	

#59

	6	2	7	4		1		
		5		1			2	3
				9		6		
	2		5		1		7	
			3					
6					8	2	1	
							4	
				8				
	9	7					5	2

#60

6			3				4	5
				5		1		6
				1	4			
		5	4				9	
					9	6		3
8				6			7	
	4				8			
	1						3	
5				9		7	1	

#61

3		4		2	8	5		7
8			3				2	
			1		4			8
						2		
6	2				9			3
				8		4		
2				4		1		
	3		8		1		6	
		9	2	6				

#62

		7		2				8
9	1		4					5
3	8							
					7		4	
4		6						7
	3					8		
			8		4		1	
	4		9					
	2			1	3	7		4

#63

				6		8		
2		6			3	7	4	
		7	2					
	2		3	7		9	6	
		8	9					
9						4	8	
7				1		3		
8				3	5	6		9
3	9						7	

#64

	4				9			3
	3	1	7	5	8			6
		5				8		
5		2			4		6	
				6				
1	6			7	5	2	4	
	7			8				
		8	2		6			
4			9		7			

#65

3					6	8	9	5
			2	5			4	
1						7		
			5					
7					2			
2	6					5		4
5	1				7			
6	2		3		4			1
9			1			2	7	

#66

	3	8			4			
5	9		1		2			8
	7				5	3		
	5			6		8		
			2	8				9
	1	3						
	8					6		
		9				7	2	
		4	7					

#67

		9		6				
5			4		7			
1		6					2	
3		2				7		
	1			2	3	4		9
7			2	4	1		5	
			3	8				1
							9	

#68

	9	8		3	7	6	2	
			5					7
					8	4		9
7		9	4				3	6
	1							
		2						8
		3		5				
		5	8	9				1
						9		

#69

7				9			8	
3			2			4		
	1			4				2
			8	2	6			7
6	8		1	3		2		
							5	
8				1	2			
	9	4		8			2	
	3		9					

#70

5		6						
	3		1					2
				8				
					5			
			7		8		1	
4		1	2	3		7		5
8	2		5				9	
3	6					4		
	7		8		3		2	

#71

		8				1	5	
					2			4
5			6		7		9	
					5	3		9
6		5				4	1	
	8		9			5		
		9	7		1			8
			3				7	
2	7			8				

#72

1				2	5	7	6	3
	2				1		8	
								5
	1					5		
		3					9	
		4		6				
		8					7	9
	4	1			8	3		
			2		3	4		

#73

	1					8		6
	4				5			1
6				9			4	
	8		6			1		
		3		7	9			
7								3
8						9		
	7			4		3	1	
	5	2						

#74

					7			3
	3		6				5	1
7		6			3			
9	6	2		5				
4								2
		5				1		
6				7	2		9	
					1			7
	8		9			2		

#75

	2		7	9		3		
3	4		8			5		
7	5	8				1	9	
		7	1		2			
	1			3				4
		4	5			8		
				7		4	5	
	9		2				1	
	7		6	5				

#76

3			9		7			4
			5				6	
		2		8			5	9
	6	8				4		7
	1			6	9		2	
4					5		1	
8	9		3					
			1	7				

#77

9						6		
					5		7	
		3		7		8		
7	2	1				4		
	3		4		1			
6		4		9	8			
	9	7	8				4	1
		5		4				
3		8						9

#78

2				8		7		
	5	8			2		1	6
			3	7	6			
5					8	2		
			9	4				
							7	
4		2					8	
8			2			1	9	3
3	1							

#79

					8			
6			3			7		
9					2	8		
7			2	5				
8						4		2
		5			6			
			9	2			8	
2		3		1		5		
	5	9	8		3		7	4

#80

	7		2		3			
6				9			4	2
8				4				
		5				4	7	
4			5	6	2			
5						7	8	
		2			4	9		
					8	2	1	4

#81

	5						3	
9	8							
4	1					2	7	8
3				5	7			4
			3		2			5
		1		4				
					3	1		
		4	7				6	
6					1		5	

#82

		2	3					
3	1					8		
			4		6	9		
			7	4		1		
	4	3	2		8		5	
	7							9
					5		9	
		4						8
7	2							5

#83

7	2	8				5		
	1	6		2		9	8	
9					8		1	
	3	7	2	9				
8				1	3			
	9			5				
				6				
				8	2		7	
2		1	7		9		6	

#84

		5	9	8	3			
9			7					
	8	7			5		6	
						1		8
	1				9	7		
				3		9	4	2
	7					8		
		2		6		5		1
		8					9	

#85

7	1	3		4				
				7				
			6	9	8	1		
	4	1						
							1	2
3	9					5		6
1			9		7			
	5		2		3			9
						7	6	1

#86

7	4			3				
2				6			9	4
							2	
1	3						4	
	8	4			2	7		
		5	3				6	8
5	7		4					
				9				1
				7		2		9

#87

		8	3					
9								
7	3	2		4	8			
			5			8		
2			4		1			6
5	7	6		2		3	4	
6								2
8			2			7	9	
			7		4			

#88

7			2	9	1			
			3		5	9		
		4		7		1		
5							9	
				1			5	8
6	2				9			
2	8				4	7		
4		6		2				
	7				6		8	

#89

	9				1	7	5	
		7		6		8		
3								
	3				9	4	8	
	6	5		2				
1				3				
	7		9		2			8
9					4	2		
		4			5			7

#90

							7	4
		9			4			5
7		8		2			9	
	6			8	3	5	4	2
5							1	
		2			9			
3			9				8	
			3	4	7			
		1				3		

#91

					6	9	8	
6							3	
	4		3	8				2
					5			
			7		2			9
		5	8	9		2		
	6	3		1				
							1	5
5	8				7			6

#92

		2						
		1			6			9
	5			7				
	6	3	4	8			7	
	4		3			6		
			6	2		8		
		6		3				1
4						9		
	9					7	2	

#93

					3		8	9
		9					3	
3				8				
	8	5	2	9				4
		2			5			1
	1							2
		3		6		2		
	4	7	8		2			5
1					9			

#94

3	8			9	4			
4	2				1	7		
	1							8
				6				
7					8			3
2	9					4		
				1		8		
1	4			8	6	2		5
			2	5	9		3	

#95

	7			3	6		5	1
			4	1				
	4			7	9		1	3
			3	5			9	
					1			
8		4	5		3			6
2	9		6					
6			1			3	8	

#96

5			7					1
6		7			3			
	4	3	9		8	7		6
8	3		1	9				4
				3	5	9		
	5			8		1	6	
2	9	5		7				
4							1	
	6		8					

#97

	3	8	5					
				1				
6		9				3		1
7				4	8			
3	1				9			4
		4	3	2	1			
		5			4			
4			9	7		8	6	

#98

5		9			1	7		6
			7			9		
				2	9			3
4						3	9	
6	5		9			1		
7		1	3					
				6				2
	6	2	8					9
	1				7			

#99

	2		8					
				5		1		
	1	9						4
		4		6			8	9
8			2		9			5
		6			4			
1	4				8			7
		2	5			4		
	5			3				

#100

	4	1		8				
			4	1	2			
8					6			9
					9	2	7	
	5			2			6	
2	1		8		4			
1		7				8	9	
4			2	6			1	
						3		

#101

			2	4				
3		4					8	
7			3	5			4	1
	6		7					
						3		
	4	8					6	
		9			2			7
8	2			7		5		9
4	5							

#102

	8			9	7			6
	7	3		2		5		8
						7		
		9				3		4
1	4		3				2	
	3	8				6		
				5	8			2
			6			9	8	
				3	9		6	

#103

	3				4			
	2				9			
9	1		5	8	2			4
7		8		5				
3								8
	5	4		3		2		
	4		8			1		
					5	8	3	
6						4	9	

#104

8	2						5	
	6		5					8
					9		2	7
4		6	2	3		7		
			6		5			
7					2	9		1
			1		4		7	
9		1						6

#105

3		5	8				4	
4	8				6	7	2	3
	6					8	9	
							8	
		3						
8	2		4		9	5	7	
		1		2				
		7	5		3			
					4	2	3	7

#106

		1			2	8		6
	3							5
2					5	1	4	
			6		1			7
		3		8		4		
	6	9	4					
				1	8			
	1					6		
3	4			7				

#107

	5				4		3	
6					3			9
	4	8	7	6				
7	9					3		
2	3			5		4	6	
4	8						9	
	7							
			1					
			4	2		6	7	5

#108

					3		5	
	9							2
	4						6	
			2	5				
5	6					9		7
9					4		3	
	1		6		5		8	
			1					3
6		4			2			

#109

2	5		9					3
				2		7		
1	8			7				
		8				6	4	
	7	1						
		9		6		8		1
								4
		2	8		9		7	
		5		4	2		6	

#110

3					5			
	2	4		8	1	6		
		9				2		3
	1		2				3	
6						5	4	
		3		4		7		1
	4			5				
					9			2
			7	6	2			

#111

8				7	1			
			3			6	7	5
		4			7			
		5	2	4			3	
			1				2	6
	6	3				7	4	8
1		2	7		8			9

#112

		9		8	4			
6								
			2	9		5	3	
	2				5			
9		8	4					3
	7		3					1
8	4		9	7	2			6
					3			5
	9							2

#113

6			7					8
3	8	9					7	
2			4					
7	2			4	5	6	8	
		8					5	3
	5				8	7		
5		7	8		9		6	1
						9	2	
9			5					

#114

		7	9		1			
1					2			7
6		9						
			6		9		1	8
				2		7		
4	8	6						3
	3			9	8			2
5				3				
2	6	8			7			

#115

			2		8			9
							2	
3			9		5			7
		4			1			
1	5					9		
		7		5		4		
	9	1	6				4	
5			4				9	
	7		5	2		1		6

#116

				9				6
5		6		3			4	7
	4					9		
9	3	1			7	5		
				5	6			
6						8	2	3
	6		7			4		
	8				5		3	9
		5		2	3			

#117

6				2	5			
				6				
1	2				3			
		3	7		4		5	1
	9				6			
						3		
			1		8		3	9
	1						8	
8	7			3		1	6	

#118

3	7		1			4	2	
1			2	7			3	
	2				1		7	5
				9			8	2
		9			6	3		
6	8		4					1
	4		6			2		
		5						

#119

		3	8					4
4	6	1		5				
		8		3		7		
	4						6	
3	2	7				9	5	
6		5			8	4		
	5		6	4			8	
	3	4	2	8	5	6		
1	8	6	9	7	3		4	

#120

	7					4	8	
	3					1		
9	5		4	2		6		
				3			2	
	6				4			
			8		5		1	6
2					1			
1		6						
7				9			3	

#121

	7	3	2	4				
						6		7
	8				7		4	
		1	9				3	8
8	5	4			6	7		
2						4		
				1				6
	1					9		
4	2	8		9		1		3

#122

		9	3					2
2						1		6
					8			9
1			7		9		4	
	7				5			1
	5							
5			1	9				8
			2		3			
	2		8				3	4

#123

		8	4	9	2	1		
	7		3					
				1	5		2	
							8	
1			8	4		6		
			9		3			
5		4		3				
	1						9	
	9	7					1	3

#124

				6				1
3							7	2
				2			3	6
	2	9		5		3		4
	3			8	2			7
						2	1	
	7	5						
	8				9		4	
			1					8

#125

6			1		9		5	
	3							
1		7		5			6	
			4					
					2	5		
8	7							9
	4			1		3	9	
	1			4	5			
	8	3				7		4

#126

			5			7		
4	1	9	6			2	3	
7	5					9		
1	4			6				
5		7		3		6		
	2		7		5			
	3			9				
8		4			3		6	
	7	1						

#127

		2	9	7	3	6		
		1						9
			2			4		
				5		8	6	7
9	6							
8								3
	2			3	5			
	8				1	5	9	
	4		6					

#128

					3	9		6
7					6			5
8				9		7	4	
6	5					2		
	4				1			
2	3		6		7	4		
		5			4			
		2		8		1		
	8							3

#129

							3	
	1		7					6
9	7		4	3		8		1
1		6	9				2	
			8			4	1	
	3	9					8	
3		5		9	1			
				8			9	
				5				3

#130

		4		8				5
	5			3	1			6
9		6						
		2						
1	4	3						7
7					4	9		3
4	7		1	9			3	
3			5			1		
				2				9

#131

		8			4		1	
	7		3				6	2
	9			7	6			
3			5			6	7	
7	8			6			3	
	5	1		8				
8	1			4		3	5	
					5			
				3		2		

#132

2	9				8	5	3	
7	3	4			5		1	
		8		3			7	6
		2	9				8	3
				4				2
8			3			4	9	1
		9		6		1		7
			7	9			4	8
3				8		9	6	

#133

1			8				5	
6	8				7			2
		3						
						5	3	
			7				2	8
2	3	5		1		9	6	
9						4		
3	4							
	6	1	2		9			

#134

			9					
		5	3			4		2
9					1	3		
					2		3	7
				8				5
2	7	6	1	5				
	4							
8		1	7	6				
6		3				9		

#135

			5	7		9		6
						8	1	7
	9				1		4	
1	7							
		3					2	
5			2	9				1
	3	5						8
	2			6				
			4			2		5

#136

		3						9
			8	6			5	2
	8				3			
8	2	9			1			
	4					2		8
	1				2			3
	5							4
	3			1	4			7
1	9			3	6			

#137

	1				2	3		9
			3	1				6
				9			1	5
		6	2	7		8		1
			8	3	6			7
	9	7				6		
3	2		5			9		
	8	5	4					
			9	2		1		

#138

	2	4					8	
	6						4	9
3	8							
				2				8
	5					1		4
			1	7	5	6		
							7	
2				4	6	8	3	
		9	5	3				

#139

		5		4				
9								7
	4		8			5	2	6
4	7	1		6	3	9		
	5		2					
2	3			9			1	
							9	1
		8					5	
			1			3		

#140

	2	1				9		
3	4	5			9	8		
		9				5	6	4
	3							
	1		8				4	2
8		6						
2				1	7			
					4		8	
			3		6		5	

#141

5				3				7
1						6		
		9		1	5			
		5						
6	2	1				3		
	8		1	4			9	
			3				4	
8		3	7				5	
	5		8		4		7	

#142

				2	3			
	6	4					9	
							4	3
2	9							7
5		1						2
						8		
9					7		5	4
			1	4	9			8
7								1

#143

	4		5					
9			2	1		8		7
8	1						2	
	6			5		2		
4	5			2	9			
			8				4	
7				3				
3	2						1	
		6			1		7	

#144

8	1					3		5
	5		8					
	4			1	6	2		
					9		5	
1	3					9	7	
	6	9					3	
				6		8		1
2		4						
				2	7		4	

#145

6						4		
			5		1		9	
						7		5
			3					
					4		8	
7			2				4	6
	5		6			3	1	
3				4				
8				9	3		6	4

#146

	4			9				8
9								
3			5	2		6	9	
		7		6	9			
		3						
	5			3	8	9		
5				4			6	
		9	3				5	
			1		5	4	2	

#147

						9	3	7
				9		2		
			3		8		5	
	6	2						
	3				4	7		
9		1	5		2		4	
	8			6		1		9
		7		5				
1		6						4

#148

3			5	9				2
			1					
6			3	2	7			1
	5	8				4		
2				7			9	
	4			6		7		
				5	8	3		
1								
	2	7						

#149

	8					2	5	6
2		4			8			3
9								8
		7			5			
4	2	5						
	1			3	9	7		
					7	6	1	2
5		1	3				8	

#150

9	4							
3	2				7			5
8								7
				9	8		1	4
5			6				3	
		9				5	8	
					2			3
	7		3				5	
	9		4	7				2

#151

			7	3		5	4	6
	5		2	8				
2						8		4
		3						
	9		8			6	2	
3		9		1				2
		4				3	8	5
		2	6			7		

#152

	7			2				5
4							6	
					9	8		2
3					4	7		
9						6		3
6						1		
			8	9		4		7
		6			7			
7		8		3	2			

#153

	2		5					7
	9		1	3			8	
		1			4		3	
8		3	4			7		1
				7	3			
					6	4		
			6					
			7	8		5		
		2					7	

#154

		7						4
4		6		2				1
	3	1	5		6			8
	9	5	8				2	
		4						7
			6					
	6				2	3	1	
		3						
			1	7		8		9

#155

		7			3	1	5	
		5			6			
				5			8	
					2	8		
6				7				
				1	8	9		3
5		9	7				6	
	3	1				7		5
	4		9			2		

#156

2				3		4		8
		7					9	
		8		1		7		5
7						1	5	9
8				5	9	2		
	9			7		8	4	3
4			1		7			
	8							4
		5						

#157

	3		1	8				
				6			1	
2	8		3		7			9
				2				
		9	4		6			
	7							2
8		2		1	4			3
				5		6		
	4	5		7			9	

#158

			6		5	2		
7	5			4			8	
	4					5	9	
2		8		3		4		1
						6	2	
8		7		6				3
5	6		7	8				
9					2			

#159

			9	7	8	3	6	
		6			2			
			1	4				9
					9			8
	1					9		
3				2			5	7
5					3	6		
6		9				8		5
8	2				7			

#160

9	2					7	1	
			1	8		2	3	
	8	1	2	3		5		6
1								
	9	5				3	2	
2				5			8	1
6								
	1		5					2
5			3	4				

#161

				3			2	
7					4	1	9	5
	1	2				4		3
	2	7				9	5	
							4	
	5		7	1				6
6		1		7	9		3	
		9			3		1	
5			6	4				9

#162

		8			6			
2			4	8	7		5	1
				3	9	8		7
			7		4	1		
3			8		5			9
4								2
8	5		6					
6		9				2	7	
	4		9					

#163

			1					
		3		2	6		9	
9								6
	1		9			2	5	
		8			7			
			4					9
			6	7			8	1
6				1			7	5
1			5	3	4			

#164

5	6	9		1				
8						2		
7	3	2		5				
						7		
9		7	8		6			
		5	4					2
		8		7		6	2	9
	9						7	8
						3	4	1

#165

8			2	5				1
	9	2			4	8	5	3
5	7		3	8				
2				1		6	7	4
4		3	8	2				
	1	9	6	4			3	
6				3	2		9	
					6	4		7
9	4	1	5		8	3		6

#166

6		5			3	2	1	
			2	5				7
		2	8		6			
9	8		1		5			
			7				9	6
	6			3				
4		6	5			8		
	5			8			4	2
			3	9	4	1	6	5

#167

		7		1		8		
								6
	6		4		5	3		
				5	1			3
5	8	1			3		2	
			2					
		2	6			5	4	
			5					9
9		4		8		6	3	

#168

						8	1	4
2				7				
		1		3	4			
	9	7	8			5		2
4		2				7		
		6		4				
	1						3	
5	7					4		
		4				9	5	8

#169

	6	3	5	9	7			
1	2			6		7	5	
5	4						6	
9						4		7
				2		1		
					8	6		
	9		3	1				
8					6		7	

#170

6		2	5					
							5	2
		3			1			8
	9	5	6				3	1
				1	3			
		8	9	5			7	6
2	8			4			1	
	1	4					6	7
	6	7		3				

#171

5	2		9	1				3
								8
		4	6			1		
			2			7		
1	7			3	8			2
	4	5	7					
7	6				3		4	
		2		9		5		
	5							

#172

							7	5
		3	7					8
1			9		5	6		4
		4					5	6
2								
3		8	4			1		
	1	5			3			7
							6	
		7	6	5				

#173

	3	2	5	7				
				9	1			
7	1				2			
1						8		
2		3		5	8		1	
	9		6					
	4			6	5			
		8				9		7
			8	3	7	5		

#174

8	1			2			3	
	4				6			
		9						5
	7			8	3			1
						7		3
6				7			8	
						3		8
	8				5		7	9
1		4	8				6	

#175

		6						3
		1			4			
			9				6	
	4		2	1		3		6
			6		9		7	2
			3		7		9	5
5	8		1		3			
9	1							
	6							8

#176

						1		7
	7			4	6			3
		9	3				4	
6			1	9		5		
	5						7	9
7		4	8	1	5	3		
					3		5	
					4	8	6	

#177

6		4				1	3	
3						2		
	1		8					5
4			3					2
		8					6	
		7			9	3		4
			9	6				
		2	1		5			6
		6		2		9		

#178

9	8						5	
7			4					9
		6	9	7			4	1
			7		3	8		5
6						1		
			1	6				
2	7		8				3	
	3			4				7
				2				8

#179

		7	9	2		6	1	
2				7		3	8	
	1	6	5	8	3			9
7	2	9	8	6	1		4	3
6	4	3	2	5	7	1	9	8
5		1	3					6
9		2	7	3	8	4	5	1
3	5		4	1		9	6	7
1	7	4	6	9		8		

#180

8			9			3		
	9		7					
					2			
6	7		4	5			9	
	2			7			6	5
	5							
	6				3	8		
	1		8		4	5		
5	8		1	2				6

#181

			4					
8	2			1				
4	3		8	7			2	
		7	9			4		3
						1		
				2			5	
1					3			8
					5	9		
3		6		8				

#182

8		2						
6			1					8
4	3	1		7				
						4	9	
			5	4	2	8	7	
2						5		
	8	7	2		6			
	2				5		3	
	9		4					

#183

			5		2			9
4		2		8			3	
				6		5		
		6					9	
8	1	4				7		
3	9	5						
9						6		
	4	8			1			7
		3	9	7	4			8

#184

			8		9	3		
					2			
7						5	2	4
	9		2	5	4	6		
4	5				3	1	8	
2	6	3	7		1			9
			9	2			4	
	7			1				
9		1		6				

#185

6				8	5	2		
	5			1			3	4
					6			
2								
			6			4	8	9
9							1	
			3	2				
3		1						8
5		9		4			6	

#186

3		4						
		8				1		5
					6			2
		7			5	6		
4			2					
	1	2		4	3		9	
	8							
		1		2	4			6
5		6		7				9

#187

		2						9
		8	2		5		6	
					7	8		1
					4	1		
4				9				6
	7		6		3			5
	8			1		6		
	2		4		9		7	
6		9		7				

#188

	2							
					9	7	2	
			5		8		9	6
2		3			4	1		7
	8	5						
		7	6			2		
4					7			
				8	2			
	6		9	3	5		1	

#189

2		9		6				
	6	5	8			7	4	
		1	4					
					6		7	
		6		3		1		
	3		5				6	
6	9			8				
						4	1	
	8			5		9		

#190

	6		2					8
8		3				7		
		2		3				9
4		1				9		
	5			1	7			
3				6		5	7	
				7		2	1	
				8			4	
			3	2			9	

#191

		9	1			3	4	
			7					
	8				2			7
9		8				4		
				7				
		7		3	4	1		
				6				
1		3	5			9		8
	6		2				5	

#192

			7		3			
		7		1		6	2	8
5		2	9				7	
4								
			2		5			4
		6						
	4	8						5
				7			9	
2			6		9			1

#193

		5					6	
			4	3		7		
7						3	2	
	8	2	1	7				
					6			7
				4	2			
				1		8	9	2
2					4			1
		7		2	8	6	3	

#194

				1	6		9	5
6				2				
8	7	9		4				
		7					3	8
						2		7
4						6	1	
9		1	2	6			7	
				3	4		2	
		2				4		

#195

		5					1	
4				8			6	7
1	2	8	6				5	
9	1							
	4	2		6			9	
		6	4					2
				7		1	2	
			5		2	8	3	6
	8			1			7	

#196

							6	
7		4		3		8		2
	2							7
9					8		4	3
				2		9	1	
	1		6					
	8					4	7	
5				7				
6			8	5	4		2	9

#197

		6						9
	1		8			6	7	2
		7						
	7			9				5
	5		6	3	1	4	9	
				4				
				7				
8	6						5	
		9				1	3	

#198

6		3	4	2	9			
2	7	1				4	6	9
4	8	9	7	6	1	5	2	
7	6	2	1	8		3	9	5
3	1		5	9			7	2
8	9		2	3	7	1	4	6
1		7	6	4		9		8
9	4		8	1		2	3	7
5		8		7			1	4

#199

		3					1	9
9				4	6			5
			4		5	6		
				8				
		6	1		9		5	3
		8	7	6	1	5		4
6		5	8					1
4				5		9	8	6

#200

		1			2	9		
8		9						6
	6		7	9				
2	8						1	
9				8		5	2	
	7				3			9
			2			3		
					8	6		5
			3				8	

#201

6	3				2			
4				5				7
7	2		4	3				5
5		3				9		
		8	5			7		3
1				8				4
							8	
9	5				6			
8					9			

#202

3		5		1		2		
				3	2	9	1	6
				7				
					9		2	
			1					3
5		1	6	8				9
8			2					
6		7	8					
		2					4	

#203

	6	3	7				8	2
2					5	6	3	
	8							
		4			6			7
	7		9					
	2			4			9	
		5						3
7	1	6	3	2				9
				6	9			

#204

		9	7			5		
5			2	3			9	
2			9		1		6	
					6			4
	5		8			7		
3				1	7			6
6	1		3					
	4				5		2	3
		3	1					

#205

			5	2	3		7	
1		6	8	4		9	2	3
3			1	6	9	8	5	
	1	5		9		3	8	
2		7	3	1	6			5
9		3	7	8	5	2	1	6
	6		9	3		7		2
7	3			5			6	8
	2	8	6		1			

#206

			9			2		3
							5	
		1				9		
		4			9			8
6	8				2	7	3	
3	1			8		4	2	
		5	4					
7			8	2	1	5		
	4			3		6		

#207

						9		6
7		6			2		5	
		8	5					
		9		7				
						4	3	1
					4		7	9
2		1	6					
	4		7				8	
			4	5		2		7

#208

		7			1	3	9	
5			3		2	8		
			7					4
			8			4		
6		1		4		5		
8						6	3	
			6		9		5	
	6					2		8
	2							

#209

		2		9			1	4
8				3	6			9
9			4	8				
	8			6			9	2
			5			4	3	
		3						5
				5				6
	9	1		4				3
			9				8	

#210

				8				2
2					9	3	8	
	3		1	5		4	9	
	1		8			2	3	9
		9					6	
6			5					7
	7	6					1	
5			3		7			

#211

			5		3		9	
2								
		4				6	1	
1				8				
			1	4			6	
8			7			9		
	9							
4	8	1			7		3	9
	3		2			8		6

#212

	7	4	8					9
6			7		2	8		
8		1			6			
		8				1		4
1							7	5
	5						8	
		3	5					1
		9		6		4	5	
							2	

#213

							5	1
	4	6				3		
		5		9		8		
	9			1	3		4	
	6		4		7	5	9	
			3			2		
7			8				1	
		8		2	6	9		

#214

7	2	5				9		
		4			1	6		7
				7			4	
			5		4		3	
	1	8						
	3	7			9	1		
		9	6			8		3
					7		6	5

#215

	2			4				1
4			3	2				6
1	5							9
				3	7			
5		8					2	
9							8	7
3		5	7				1	
8			4				6	
		6		1				

#216

	2	1						
			8	1				
		9				8		
	8	7			6	1	3	
4				7		6		
							4	
	6		9		4	5	1	
5		8			2		7	
	9				5			8

#217

		6			1	8		9
	9			3				
			2		7		5	
	3	4		8				
	6			4		2		1
				1		4		
		2				3		8
	1				3			7
5		3				9		

#218

	9		6		2		4	
		7	1		9	3		6
	8				7			1
		2	7	1				
		1		6		2		8
		4		2		1	6	5
	1		4		5	6		
				3		7		
	2			7	6			

#219

			3					
					1	7		
3			2	9	8			
				8				
					7	3		5
	6		9		2		4	
7		6	8			4		3
8	5			2	3	6		1
	3			6				7

#220

5				4				7
	6	9						8
3				2			4	
1	3	2		7				
		6				7		
		4				2	5	1
			9	8	7	3		
8		3					1	4

#221

						9		3
					4	5		2
	1			2	3			
5			1	3				6
7	8		6				2	5
8		1				6		7
	9			6			4	
		6	7					

#222

			3			5		1
4				6		9	7	
		9	8	4				
9							2	
	8			2	9	3	6	
					6			
7	9				3	6		
	5	6	9				1	
				1			9	

#223

				9			7	
		8		5	6			2
1		2						
	1					7		9
			4					
3		5						8
					1	5	2	
		9						7
7	5	1		6	2	4	9	

#224

							6	
							9	2
	9				1	5		8
6	2		8	5			7	
					9			6
	1		2			8		3
	5	1	9				8	
		3		4				
		2	1					

#225

		6		3	9	5		8
	3	5		8		6		
								9
			1	5		2	6	
5			3					4
			9			1		
3					2	9		
	4		8					6
	1	7			3			

#226

	2		6			1	4	
	1						7	5
7			8			2		
	8	5					9	3
2		3	4				8	
						9		4
					5	3		
			9	1	8			

#227

					4	1		
				8			9	5
	7	2	9		1			
		8	1	2		4	6	
6		1				8		
				4		5	3	
						9		
1	9	7					5	
		4	8			6	7	

#228

	3	2						
	5		8				1	
9		1	2				8	
		5	6	4		8		
			7					
	7	6				2		
		8		7				5
		9		3				
	2		9			7		4

#229

2		3	8			5		
1	9			5		4		
					3		7	
		8					9	
		1			4		2	
				6			1	7
	6				5	9		1
	3		1					6
	1			8	9		5	

#230

3				2	1			5
4		5	9	3	8	7		1
9	1	2	6	7	5		4	
	3	1	2	4				7
2		4	7	8		5		6
	7	8				2	3	4
1		6	8		7			
	5				4		8	2
8	4	3			2	6	7	

#231

		3					4	
6	1	4	3				7	
2	9			4				
		1			9	7		3
		6	5					
							8	
			6			5		2
				8		6	3	
			7	1	2	8		

#232

8		2			9			1
5		3		8		2	9	
9					5		4	
4	8	1			6	3		
					2	1		
6				5	1	4		
3		8		2				
	7						1	

#233

	2		9					
	6		2				8	9
7				6	8			4
4	7				3			
		1	5		4			2
6				2		4		
	3		4	5		2		
2			7			1		
								8

#234

8			9		1	7		
1	6	7			5	4	2	
3								
4		8	2			3	5	1
	3				8			7
				7		6		8
2	8		6		7			
7	1	9			3		6	2
6	4			8				

#235

5	7		4		9			
	9			3		4		2
3	8		2	1	6	5		
	1		3	4				
2				6		9	7	4
	4				2	6		3
4	2	5		7		8		1
7				5				
9	3		6			7		5

#236

1		8	7			3		
7			9					
	5		4	8	2			
2						1		
					5	6		
			3	6		2	7	
		4	1		9	7	3	
	2							
5						4	9	

#237

	3				7			
7			1					
		4		2				
6		1			2	7		
3					1			
	7			9				3
1	9	7	8					6
						8		7
2		3		1		4	9	

#238

	5			9	3			8
	1							
3	2	9					6	5
					2	7		
							8	
6	9						2	3
				3				1
			1	6			5	
4			8			6	7	

#239

3				1				7
	9						5	
			7			2		
9	7		2		1			
1	4		3		5			2
	6	2		7				1
		4	1			6		5
2	3							
	1					8		3

#240

	8			2				
		6		3	9		7	
		5		1				
2		9						3
	5	4			8			
		8						9
								5
			6		3		8	1
3					2	4	9	

#241

4				3	8		7	2
				7		6		
								1
		9		1	4	2		
6			9			7		
		3				8		9
		2						
	8			6	3	1		
		7	8			5	9	

#242

2					7	3		9
	4	7		1			6	
			6	4	3			
9							2	
							9	8
	8					1		4
8				6				
	7	4	2	3				6
6					9			7

#243

					3	7		1
			1			3	5	
		5	6	7			2	
	7							
			3					
5	4			1	8	2		
	6	3		9		4		
	5	2	8	3	1			
9		7		6	5			

#244

				3	8		9	5
		4		1		8	2	
8	5							
	1							
2	4		3	8		6		
	8				6		7	9
		2						8
	9				1			
		1			7	2	6	

#245

							7	5
	5			2		4		3
					1			
			4		5			
7		9						
	8			1	3	7		
			1	9				
		8			2		6	4
	4	1		5		3		

#246

5			1		8		3	
3	1					5		
7	8		5			2		1
6						3		2
				5				6
					7	1	5	
			4		5			
2		4		7			6	
			9	8				

#247

8				4	1			
			9				4	
	9				7	3		
5		8		3	6			
					4			
4	1	3					6	
1					8			9
2				7			1	
				2	3		5	

#248

7			9	6				1
					5	9		3
				7		5		
8		1						
4			3	8				2
	7		1				5	4
	4	7					8	
3	8						1	
			8					9

#249

	2	1				4		
	6				8		3	
		4		5		7		
			5		6	1		
		9			3		2	
7	4		8		2			
				6				3
				8	4		5	
	7	2					4	

#250

4	5				3		7	6
	7				6		2	5
6	3				7		1	
3		7	9			2	6	
8		6	7			5	9	4
			8	6		7		
5	8			1	9	6	4	7
	6			4	8			
9	2	4	6			1		

#251

		5	7					1
7			2			5	3	6
		8			3			
	8		4	7		1	6	
				9				
		7	6	3	5		9	
5	2						1	
	3	6	9			4	2	7
1	7				4	6	5	8

#252

							5	
				8				
1	8				3	2		7
		2					8	
4		5				1		
	9		3	6	1			
	6	8		2				4
			4	3		7		
		4	8				9	

#253

8				1	9			
		4	8	7		3		
				6		2		
4						6		
		1					8	2
		2						
	9				8	7		5
	4		7	9	1			
		8		3	2	4	6	

#254

		6		5	8		4	
		7	1		3	9		
	4					3	8	
						6		4
7		4						
		1	8	9				
	3		4		2		9	
	7			8		2	6	
			7		9			

#255

	6	3						
				8				
	4	1	9					
3				7		8	4	
7	1					6		
			6		9			
	5		2			9	8	
2					4		7	1
		8			1	4		

#256

							3	
			2			1	6	
	6			3		9		7
	1		3	5		7		
	7	9	8			3		6
				7				8
		4	1	2				
	9				5			
8			9			2		

#257

	9	7					6	
6			4		9			5
	8		6					
5						7		
		2	1	4			9	
7	1				3	4		
						2		4
				8				7
		1	2				3	

#258

					9			
2								1
			4		3	5		
	3					4		
				3				8
			6		7		5	9
	9	4	3	8		7		5
		6	7	4				
		3	1		5		8	

#259

7			5			1		
		5			1		2	
	9							5
		8						2
	4	3					9	
	5		8	4	2	6		
	3	2	6	8	4			
5		4		7				
				5			3	

#260

		5				9		
	1		8		9	3	7	
6								
7			3					4
					4			
	6	4	5	8				
1			7	3		5	9	8
	7	8					1	2
				1				

#261

	4	2		5				
8				4		7	1	
1				2				
	8		7	9	1			
6								
	9							4
					9	8	5	
								7
	5			6		1	9	

#262

9							3	
6						9		
	4		2	6			5	
8	9							
4				2				
			1		8	2		
2		8	5		6	4	9	
			7	9				1
3	7							

#263

5		6			9			
	8							9
	7	3	4					2
1	5			4	7		8	
4		7	8	1				
6								
				3	1	6		8
		2				3		7
		4	7					

#264

				1				7
	4	7	6	8			1	
	1			3		8	9	6
	8	1			4	2	6	
2							8	
						3		
		3						
1	2				5	6		
6			9				3	

#265

	6	3			1	4	5	
4		8				1		6
								9
1		5					2	
			7	6				
3			1	9			8	
6		1		3		9		
8		9				7	6	

#266

			5		2	3		
	5		9					
					7			
	6			9		4		
	2	3			6	1		9
			4			7		
7								3
6	4	8			9			5
9				6	5			7

#267

			9	5		6		
			3			9		5
	9					3		
	3			1	8	5		
		8					2	
4		2					8	
7		9		3				
5			1	7	2		6	9
2				6		4		7

#268

5	1	7						
	2				3		1	
						6		4
7				3	4	8		9
	3		6	8	1			
			2					
8					7			6
		5						
1	7						4	3

#269

	1			3				2
9		2					5	
		4			7		3	
		5	4					7
					2	3		
6	7						1	
				4				
7	9			2	6	1	4	
4		6				9		

#270

			9					3
		8			3		5	
2		4					8	
	1	2	4					
8						1		
3	6			9				2
			5		6	7		
		1		2	4			
5			1			3		

#271

3			7					1
9				6				8
			3			6		
1	8						9	
4		9			8			6
		2						5
					6			
						2	8	4
		8	2	1	3		6	9

#272

	3		7	4		1		
				9	5	7		
	1							
			2				5	4
		8	5					
	7	6					1	8
	5	7					2	9
6				7				
					1	8		

#273

	8			2	3	4	9	
5		4						
		9	4		1	3		
4			9				1	
	6							9
	5	2					7	
	9					5		
6					2			8
			8	6			3	

#274

	8	2						3
	1				4	7		
	7						6	2
	5							9
			8				1	6
		8	7		9		2	
	9				2		4	
		6	1	4				7
7			9					

#275

		4				8		5
	2			5		4		
9			6	1				7
		2		4			3	
	6		9			7		
					5			
4		5		2			7	
	3		4			1	5	
6				7				4

#276

5				9	1	2		
1	7				4		5	
4		6		2				
			8		7		4	
					6		8	
		3			9			
9		1						
7	2		5		8			1

#277

	6		5		2		8	
4	7							2
							7	
		3						6
	9	1		6		8		
		8			9			7
				4		9		
	3		6		1	4		
		4		5				3

#278

				4			1	
			5					9
6	7						8	2
		6		5				8
8			1			6		
5							7	3
		3						
2		5	9	1	3			
9			2				3	

#279

					6	4		5
4		9		1	5			
			3	2				7
		6				9	3	
		3						
					3	7		6
	6	4						
8				6		1		
			5	4	2		7	

#280

				8				6
		1		2		9		
		9	7			8		
	2		8	7			6	1
							9	5
		3				7		
7			4					
6		4	5					
1		2				4	7	3

#281

3					8		4	
	6				9	8		5
		4	6					1
				1	7		9	
	7	8		9		2		
4	9				6			3
						5		
	8			5				
2			8		3			

#282

	7	3			2			6
4				7				
	2		1		4		7	
	1				6		5	
						6		3
			4		7			
2		9						
	6			8	3	5		
	5			4	9			2

#283

				4	6		8	3
			2					4
	8	9				2	6	
9			3	1				
5					4			
	4	8	9	5			2	
		2		6	5			
3			7					
8	1	5						

#284

7	2			8		6		
						7	1	
6					3	9		
3					4			1
	7	1	9		2			
		4			8		9	
		9					3	
			4					
			2			1	6	

#285

	6						3	
9		7		5				
8						1	9	
					6			8
4			2			7	1	
1	3		5				6	9
				1				
		5	6			3	8	4
			8	2				

#286

	1		8				6	
		7						
	5						2	
9			1			2		
			4					
	4		5	2		1		
7		2			1	8		3
	3	1		6		5		9
	9	8			7		1	

#287

				7		8		5
4	5			3	2		7	
	6			8				
7			2					1
5		3						
1	8					4		9
8				2				
3	9							2
			1	9		3		

#288

			9	4	2			
					5	7		1
5		6		8				9
			5			8		
			2					
		7		1	9			
6		1						
	3		1			9		8
	4	9				3		7

#289

					1	9		
	8	7		6	4		1	3
	1							6
	6						7	
		1		8	2		3	
			4					
			9				6	5
5				4	7	3		
		6	5		8		2	

#290

2			1			6		
1	4			8		2		9
		5	2		9		7	4
	9					5		
				1			6	
			4					7
9		6	5	4				
4		2			8			
7	1			9				5

#291

		8	6					
				9	7		4	2
					2			5
		4					5	
				3				
		2	1	7		3		
2		5				4	3	
	7	9			3			
8	1		9					6

#292

			5	3	7		4	
5		4	1	9			6	
		3					9	7
					3	2		
3		2			1			6
	1		6		4			
7	5				9	3	8	4
		1	3					
8		9					2	1

#293

	5		9		7			8
6	8	9		1	2		4	7
7	3		5	4				
					5		9	1
9	1		4				5	2
	2		1			6	8	3
5	9	7		3			6	4
3					6	1	7	
			7	9		8		5

#294

5			4		8	6		3
		7			9		8	
6		8						9
2								
		1	9	2			3	8
	3				5	1	6	
		5			2		1	
9		6	1					
1		3	5				2	4

#295

		4			3		5	7
		2			7	6		8
								9
3	5			9	1			
			5			3		
	8						7	5
	9		7				4	3
				3	9		1	
1					6	7	9	

#296

	6				8			7
		8		4		9	2	
					3			
		9			5			
5	1	2	8					
				2			4	
		4	3				6	8
	8	1			6		3	2
		3				7		

#297

	4						9	
6		2			8	3		4
		1				7		
	7			6	5			
			9	1				6
								1
			4	2		8	3	
9		7	1	8				
		8			6			

#298

4			5	3			9	8
	6			9				
2		3	8	7				
9						4		
3			2		7			9
	1			5			7	
		6			8	5	2	
				4				
1								3

#299

7		6			2	8		
2	1			7		4		
	4	9						2
								8
		3		4	9			
8			7		1		2	
		4		1				9
			3		6			5
				8				6

#300

5		8	7	1	2	6	4	3
			3	8		9	7	
7		4	9	5	6	1		
	8			9			6	
							3	7
	4						9	1
6		9	8		5	2		
4		2	1	6	7		8	9
	1		2		9	7		

#301

	2		3	5				7
		7						
					8	5	2	4
	7	3			1			
	8				2		7	
1			4		9	2	8	
		4		8			1	
				4	5			
3	1		6		7			5

#302

						1	2	8
	4	8					7	
1							6	5
		5		6			3	4
		2	9		7	6	5	1
	1		2					
			8					
9		3	5					
6						8	1	

#303

			4	6		1		
	9	6		3				4
8			2	1				5
	7	2		5		8		6
6	3							
			8	7				
		1	6		3			
	6						5	
9								2

#304

6					3			
	9	1						6
		8			6	5		3
		2		9	5			
		6	8			9		
	5			6	1			2
						7		4
4						2	8	5
1			5	8				

#305

								9
6		9		1				
	2		7		9		4	
	8	6	3	7			9	
						1		
	7			6	2			
		4		9	7			6
	6		1					
3					8		7	4

#306

	6	7				4		
					6		3	
			7	2	9		1	
	3	5					6	9
	7			9	8			
				3	2		5	
			9		4			
			8		3			1
3	4	6			7			

#307

	5	7		9				
							5	4
	8		6		3	7	9	
	7	2	5			6		
								1
			8	2	1			
		5		3		4	6	
						9		
3					6			

#308

				4	1		3	8
	9	2		5	8	1		
4	1			6			9	
					3	6		4
	4							
		9	1	7		5		3
	5							
6				2		4	1	

#309

		8			6		9	
					3	5		
							7	1
	2		4			7		
8	4							
5	7		3		9	4	8	
			5	3			6	
		2		9	1		5	
	3				8	9	2	

#310

2								7
	9				8	5	3	
	3	1	7					
8				7	1		9	
				4		1	7	
	7		9	8	3			
	8	3					4	6
6						7	8	
	4		8			3		

#311

	9		5				7	
3					7	1		
	2		8		4			5
		2					9	
			1		3	6		4
								7
	3		4					
		9		7			6	3
		6	3		5	8		

#312

	7		2			4		
	6			3				
							1	7
8				7				5
2			6				3	
	9							
6	2			8			4	
9		3			4	8		6
					5			3

#313

1			7		5			
5		7						6
					6		9	
						8	6	
4	9					2		
	8	6					1	4
9			3				8	
		3		4	9		7	2
			5	7	8		4	

#314

		9				2		
4						5	1	
					7	4		6
7	4				8			
6				1				5
						6	3	
8		4	3	6				
1								
			1		5	3	9	4

#315

	8	5			9			
6					4	5		7
					1		3	9
3			6					8
9	2	7					5	
8			3		2		7	
4								2
		1				9		

#316

5				6	7			
7					3		5	
1					8	7	3	
	3	8	2	5		4		
	7	1	8		6			
	2		7	3		1	9	8
2			3			6		9
3	1		6	8			7	4
8			4		9	2		

#317

				6		8	9	
3	8	4		9				
9	6				2		4	
	9		6		8	1	3	4
	3	6		5	7	9		
2	1	8				5	7	6
	5		2					
1		3						
8		2	4	1		3	6	9

#318

			1				2	
	8	2	9		4	7	1	
				6	7		9	
			4		2	5		
		7		5				6
8	5							
9		4		1			5	
7				4				
	3							8

#319

	4			5				
6		8			9		5	
	7			2			1	
3		6	2				4	
	5			3		2	8	
2		4		9				3
				7				
		1			4			
		2			3			6

#320

8					1		4	
		1	8	9	2			
6		2	5		3			
				2	8			5
		6				4		3
1					5	6		
2			9	5			8	
						9		
9		7					6	

www.ingramcontent.com/pod-product-compliance
Lightning Source LLC
Chambersburg PA
CBHW050252220526
45465CB00002B/650

9798748466783